U0061180

我也做得到！

一個讀寫障礙孩子的故事

文：Helena Kraljič　圖：Maja Lubi

新雅文化事業有限公司
www.sunya.com.hk

我們都知道世界上有着各種各樣的人，包括不同年齡、不同性別、不同膚色、不同國籍……同時也有着不同性格以及能力。有些孩子一出生便因為一些狀況，比如兒童常見的哮喘，又或是讀寫障礙、自閉症和唐氏綜合症等，而有着與別不同的外表、行為或身體局限。他們在成長路上，可能要面對比一般人更多更大的挑戰，也因此需要更多的關懷、照顧和支持。

《特別的你．特別愛你》系列故事的主角均是有着不同特別需要的孩子。作者以淺白、溫馨而寫實的筆觸寫出主角們在生活中遇到的不同挑戰，期望通過這些故事，激發大眾抱持更理解和開放的態度，接納這羣有特別需要的孩子，為他們和他們的家人帶來溫暖的鼓勵和支持。

我們每個人都是不一樣的獨特個體，但我們都一樣值得被尊重和愛護，就讓我們一起創造一個平等共融的社會，一個更豐富、更美麗的世界。

我是阿森。
我喜歡畫畫。
我喜歡唱歌。
我喜歡創作。
我也喜歡上學。

我不喜歡做數學題。
我不喜歡閱讀。
我也不喜歡
寫字。

他們說這都要怪我體內的第六條染色體，當中有些基因造成了讀寫障礙。

其實我不大明白。

我只知道我的媽媽小時候也不喜歡閱讀。

她也有讀寫障礙，就像我一樣。

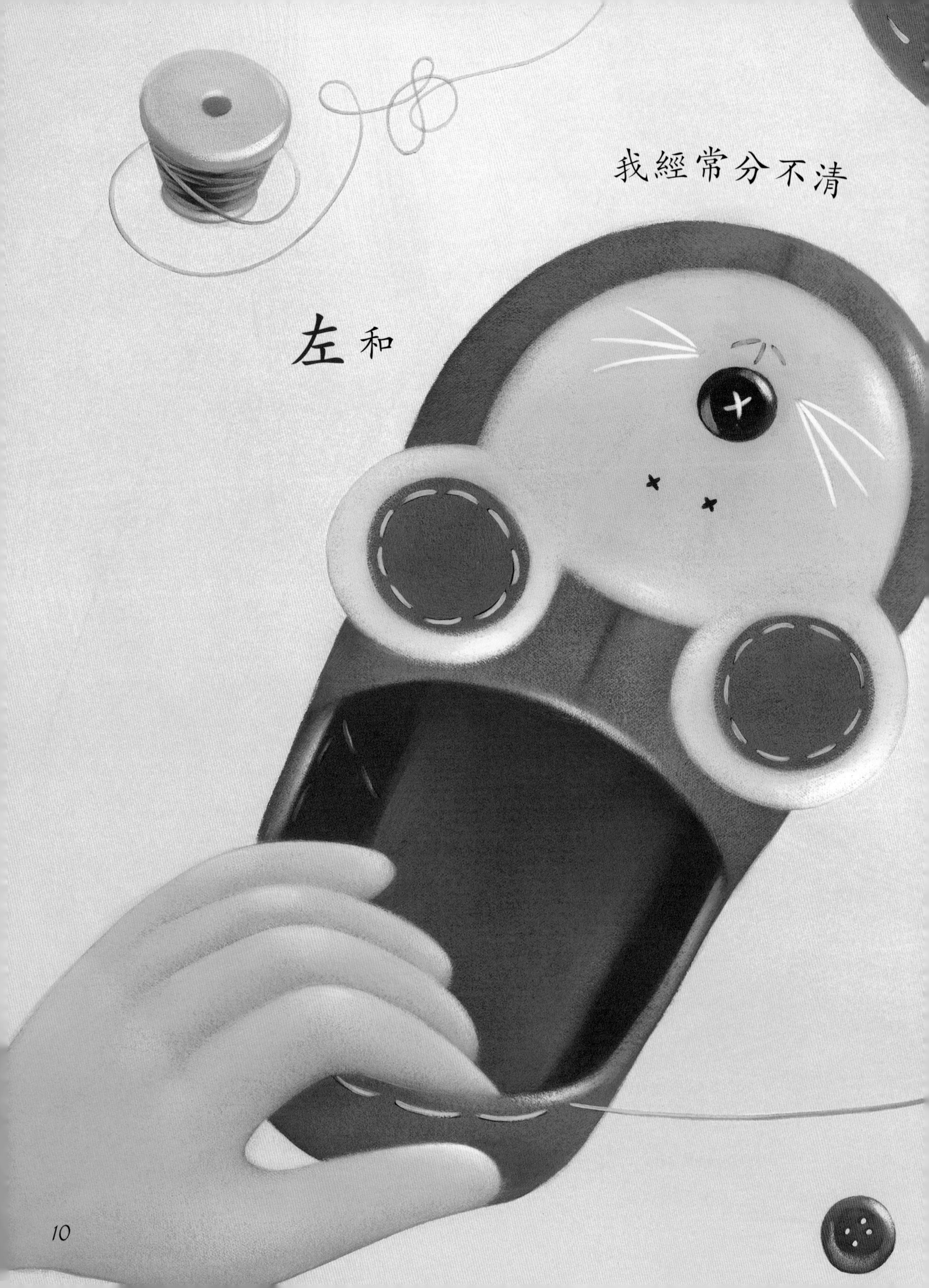

我經常分不清

左和

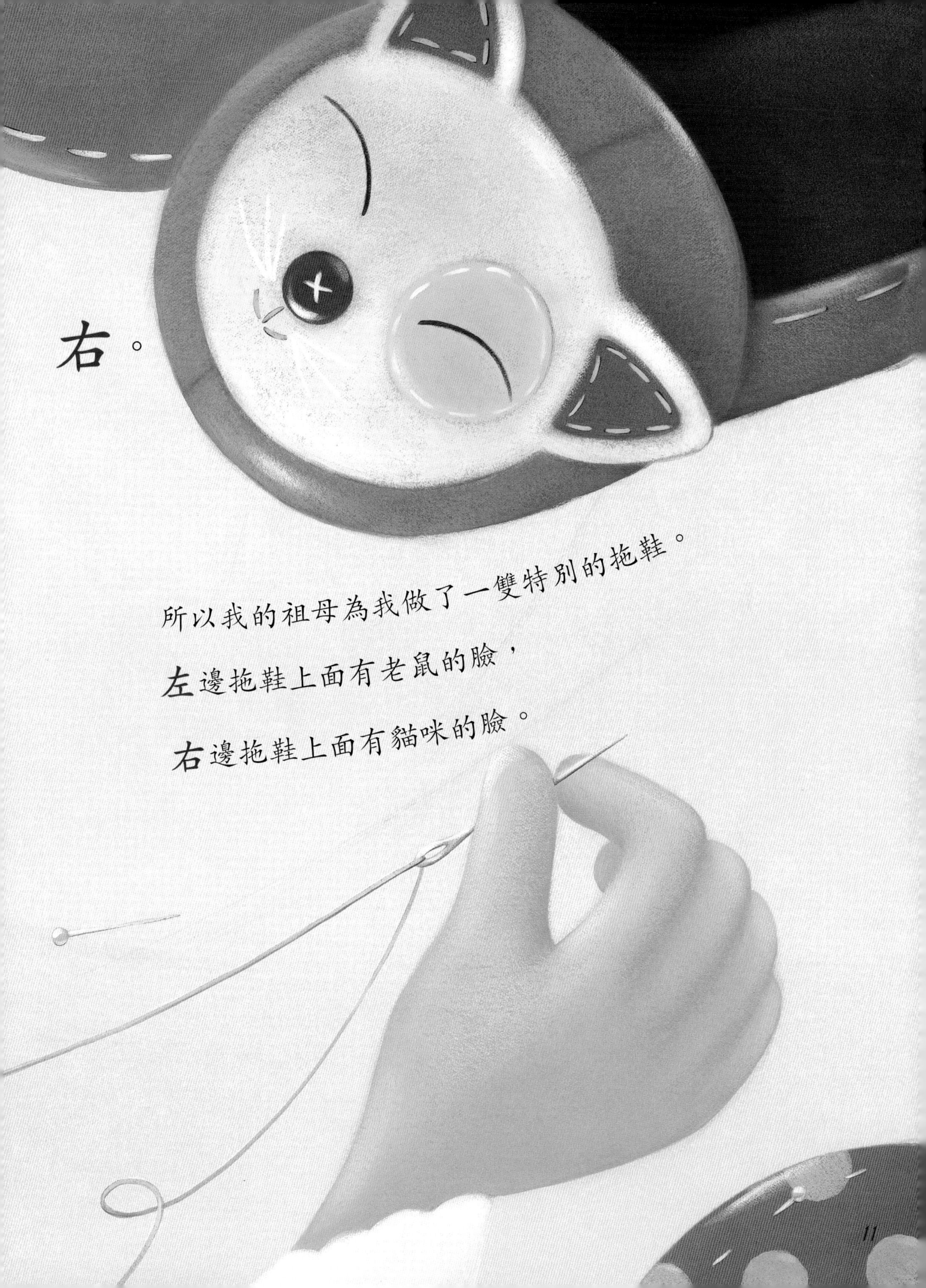

右。

所以我的祖母為我做了一雙特別的拖鞋。

左邊拖鞋上面有老鼠的臉，

右邊拖鞋上面有貓咪的臉。

我好愛我的爸爸。

他很喜歡和我一起閱讀。

即使我把

麥片 cereal 看成 receal，

煎餅 pancake 看作 napcake，

以為通心粉 macaroni 是 camaroni，

還有把巧克力 chocolate 看成 cocholate。

我閱讀、寫字和做數學題的時候，左腦就會出現問題。

每當我因此而感到難過，便會想起阿姨對我說的話。

她告訴我歷史上有患有讀寫障礙的國家領袖，

例如：前英國首相邱吉爾 (Winston Churchill)

和美國第一任總統華盛頓 (George Washington)。

也有患有讀寫障礙的科學家，例如：
愛迪生 (Thomas Edison) 和
愛因斯坦 (Albert Einstein) 。

甚至有患有讀寫障礙的作家，包括：
和路．迪士尼 (Walt Disney) 和
安徒生 (Hans Christian Andersen)。

還有患有讀寫障礙的**畫家**，例如：

意大利的米開蘭基羅 (Michelangelo) 和

達文西 (Leonardo da Vinci)。

而且，也有些演員患有讀寫障礙，包括：

湯・告魯斯 (Tom Cruise) 和

姬拉・麗莉 (Keira Knightley)。

就連英國著名的**廚師**傑米·奧利佛 (Jamie Oliver)

也是有讀寫障礙的。

他們全都是舉世知名的人物。

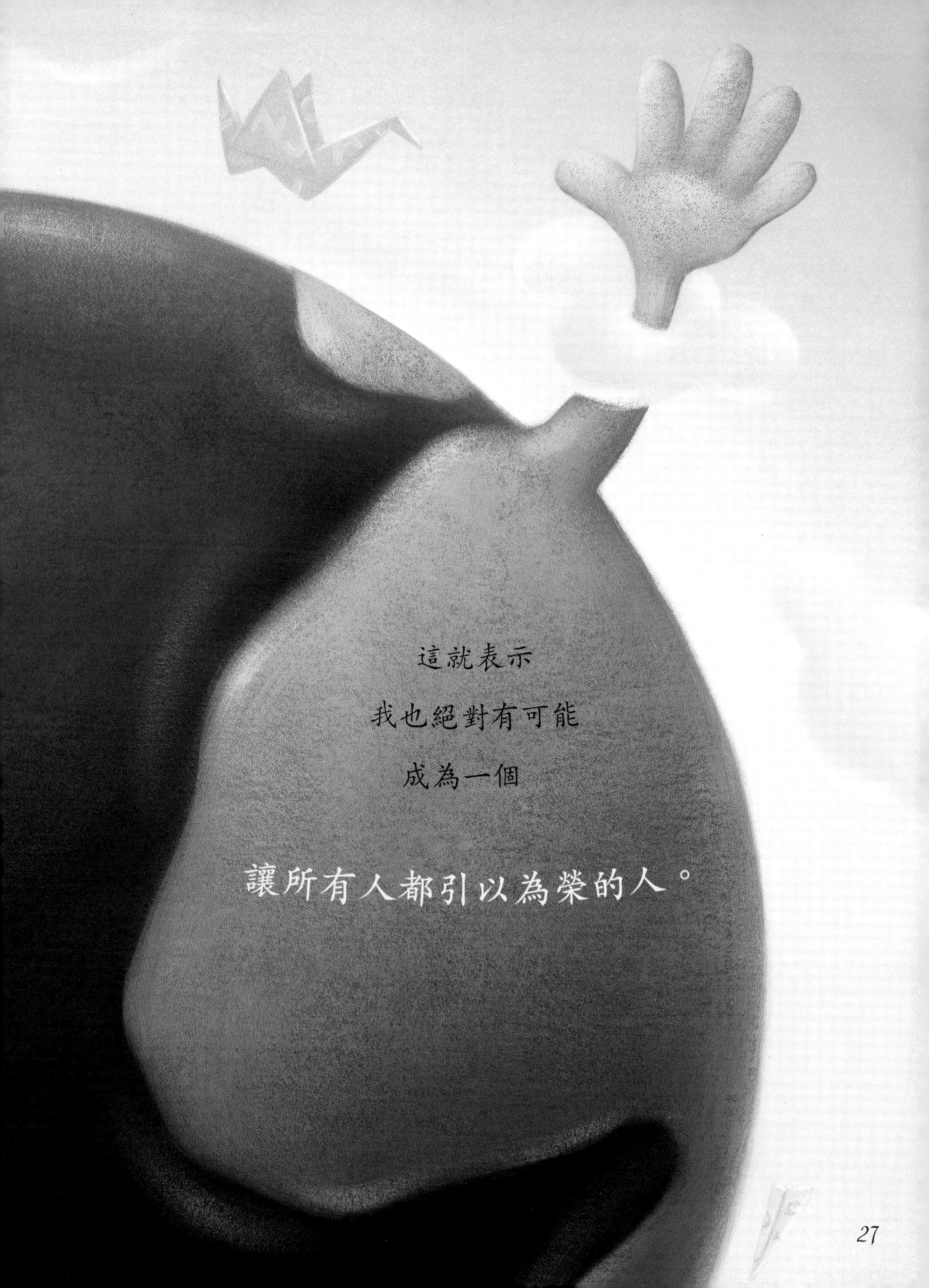

這就表示

我也絕對有可能

成為一個

讓所有人都引以為榮的人。

導讀：一個關於讀寫障礙孩子的故事

要了解「讀寫障礙」是什麼，我們先要簡單認識一下大腦的運作。雖然每個人的腦子都有左右兩半，但只有一半是主要的，是主導者。多數人作主導的都是左腦的那一半——負責閱讀、書寫、說話、計算和注意力等方面。至於少數人作主導的右腦，則負責想像力、美感、音樂、空間定向、舞蹈等方面。而學校是為大多數人而設的，也就是那些左腦主導的人，因此人們通過閱讀和書寫，就可以順利地踏上求學之路。

而有讀寫障礙的人，他們是右腦主導的。他們需要以圖畫、實物，及大量肢體活動來探索、實驗和學習。讀寫障礙患者的觀察和思考方式異於常人，雖然他們注意到許許多多的細節，但要把注意力集中在單一的事情上卻十分困難。他們的立體感和空間感很強，但遇到平面，比如要閱讀書上的文字就會感到很吃力。他們的思考比一般人快，想像力和直覺像火山一樣，可以源源不絕地產生許多構思和創意，但他們卻很難集中精神。因此，現今以閱讀和書寫為主的學校並不是很適合他們。

每一個有讀寫障礙的孩子，在他們內心最深處，最終都必須接受自己與別人不同的痛苦。我到底有什麼毛病？為什麼不管我怎樣努力不停地練習，也還是無法好好閱讀和書寫？無論任何人，要面對自己與別人不同都是一種挑戰，更何況是小孩子？有讀寫障礙的小孩所面臨的挑戰，就是身處於一個以閱讀和書寫為主的教育制度而處處受阻，以致感到挫敗和無力。他們年紀小小，不可能獨自去面對，因此需要有人大力支持他們，一路帶領他們克服各種弱點，並從小開始尋找自信，用一點一滴累積而來的自信，建立堅定的自我尊重。

期望《我也做得到！》這個美麗的故事裏的小知識和真誠分享，能使大眾對有讀寫障礙的人有多一些認識；更重要的是，使有讀寫障礙的孩子明白和肯定自己的價值，讓他們臉上綻放出笑容，一種將會沉澱在心底，永久不會消失的笑容。

特別的你・特別愛你 ②

我也做得到！

—— 一個讀寫障礙孩子的故事

作　　者：Helena Kraljič
畫　　家：Maja Lubi
中文翻譯：潘心慧
責任編輯：劉慧燕
美術設計：何宙樺
出　　版：新雅文化事業有限公司
香港英皇道 499 號北角工業大廈 18 樓
電話：(852) 2138 7998
傳真：(852) 2597 4003
網址：http://www.sunya.com.hk
電郵：marketing@sunya.com.hk
發　　行：香港聯合書刊物流有限公司
香港新界大埔汀麗路 36 號中華商務印刷大廈 3 字樓
電話：(852) 2150 2100
傳真：(852) 2407 3062
電郵：info@suplogistics.com.hk
印　　刷：中華商務彩色印刷有限公司
香港新界大埔汀麗路 36 號
版　　次：二〇一五年二月初版
10 9 8 7 6 5 4 3 2 1

ISBN: 978-962-08-6241-0
Original title: "Imam disleksijo"

18/F, North Point Industrial Building, 499 King's Road, Hong Kong
Published and printed in Hong Kong.